Bibliografische Information der Deutschen Nationalbibliothek:

Die Deutsche Bibliothek verzeichnet diese Publikation in der Deutschen Nationalbibliografie; detaillierte bibliografische Daten sind im Internet über http://dnb.d-nb.de/ abrufbar.

Impressum:

Copyright © 2015 GRIN Verlag
Druck und Bindung: Books on Demand GmbH, Norderstedt Germany
ISBN: 9783668965232

Sadik Mejid

Untersuchung von Absorptionspektren mittels UV-VIS Spektroskopie

GRIN Verlag

UV / Vis Spektroskopie

Durchgeführt am Institut für Physikalische Chemie

der Universität zu Köln

Sadik Mejid
Markus Fetzer

2015

Inhaltverzeichnis:

1. Einleitung

Mit ultraviolettem und sichtbarem Licht (UV/VIS) werden Elektronen angeregt. Bei organischen Substanzen können durch UV/VIS-Spektroskopie nur ungesättigte Systeme angeregt werden. Die UV/VIS-Spektroskopie ist also eine Methode zum Nachweis ungesättigter organischer Substanzen. Eine genaue Analyse von UV/VIS-Spektren ermöglicht Aussagen über die Bindungen im Molekül und wird schnell sehr anspruchsvoll. Der sichtbare Spektralbereich reicht etwa von 400 bis 800 nm. Kurzwellig schließt sich der UV-Bereich an, der bis herab zu etwa 200 nm reicht. Unterhalb von 190 nm beginnt die Luft, das Licht zu absorbieren. Messungen unterhalb von 190 nm sind deshalb nur in evakuierten Systemen möglich, weshalb man dann von Vakuum-UV-Spektroskopie spricht. Die Zahlen zeigen, dass UV- und VIS-Bereich jeder für sich eine Oktave des elektromagnetischen Lichtes umfassen. Die UV/VIS-Spektroskopie ist eine Elektronen-spektroskopie,

d.h. es werden Elektronen- genauer: Valenzelektronen angeregt. Gemäß dem MO-Schema spalten Orbitale bei Überlappung in ein bindendes und in ein antibindendes Orbital auf, wobei im Regelfall die Elektronen alle im bindenden Orbital Platz finden und das antibindende Orbital leer bleibt. Bei der Anregung der Elektronen wechseln diese in das antibindende Orbital. Da die Energieaufspaltung zwischen dem bindenden und dem antibindenden Orbital mit dem Ausmaß der Überlappung der Atomorbitale zunimmt, liefern σ-Orbitale eine erheblich größere Aufspaltung als π-Orbitale. Die Absorption fur einen $\sigma \rightarrow \sigma^*$-Übergang liegt deshalb im Vakuum-UV Bereich, wahrend $\pi \rightarrow \pi^*$-Übergänge im „normalen" UV-Bereich liegen oder auch in den sichtbaren Bereich hineinragen können. Auch nicht bindende Elektronen, die Bestandteil der freien Elektronenpaare sind, können angeregt werden und zwar sowohl in die π^*- als auch in die σ^*-Orbitale. Dabei ist für der $n \rightarrow \sigma^*$-Übergang wiederum mehr Energie erforderlich, weshalb dazu Strahlung auf der Grenze zw. „normalem" und Vakuum-UV Bereich erforderlich ist, wahrend der $n \rightarrow \pi^*$-Übergang im UV- und im sichtbaren Bereich liegen kann[1]. In diesem Bericht werden die Absorptionsspektren einer Anthracen- und Naphthalin-Lösung mit jeweils zwei verschiedenen Konzentrationen in *n*-Heptan untersucht.

Außerdem wird die Absorption von Anthracen polarisationsabhängig in *n*-Heptan und auf einer gestreckten Polyethylenfolie gemessen und gekennzeichnet.

2. Theorie

Für die theoretischen Grundlagen der UV/Vis Spektroskopie wird auf den Praktikumsskript verwiesen. Die für die Auswertung relevanten Zusammenhänge und Methoden werden in den jeweiligen Abschnitten erklärt.

Durchführung

3.1 Aufnahme der Basislinien

Mittels eines Zweistrahlspektrometers wurde für *n*-Heptan, den Polarisator in waagerechter und senkrechter Stellung zur Tischebene und für die Polyethylenfolie in waagerechter und senkrechter Stellung des Polarisators, Absorptionsspektren im Bereich von 200 nm bis 450 nm aufgenommen, die als Basislinien für die Absorptionsspektren des Anthracens und Naphthalins in *n*-Heptan und auf der Folie dienen.

3.2 Aufnahme der Absorptionsspektren von Anthracen und Naphthalin

Fur zwei Losungen aus Naphthalin in *n*-Heptan der Konzentrationen 10-4 mol/L und 4,8 ·10-6 mol/L wurden Absorptionsspektren im Wellenlängenbereich von 340-240 und von 250-200 nm aufgenommen. Außerdem wurde für zwei Losungen aus Anthracen in *n*-Heptan der Konzentrationen 10-4 mol/L und 4,8 ·10-6 mol/L Absorptionsspektren im Wellenlängenbereich von 450-270 und von 270-230 nm bei waagerechter und senkrechter Polarisatorstellung aufgenommen. Des weiteren wurde ein Stuck gestreckte Polyethylenfolie in eine 1:20 verdünnte gesättigte Anthracen/Chloroform-Losung 15 min. lang eingelegt. Danach wurde sie entnommen, mit Ethanol gewaschen, getrocknet und die Absorptionsspektren im Wellenlängenbereich von 200 nm und 450 nm aufgenommen.

4 Ergebnisse und Diskussion

4.1 Absorption von Anthracen und Naphthalin in n-Heptan

Die Spektren der Naphthalin- und Anthracen-Losungen wurden mit jeweils der konz. (10-4 mol/L) und (4,8 ·10-6 mol/L) gegen die Basislinie von reinem *n*-Heptan korrigiert. Die Absorptionsspektren von Naphthalin sind in den Abb. 1 und 2 dargestellt, die von Anthracen in den Abb. 3 und 4. Die Zuordnung der Banden für Naphthalin ist in den Tabellen 1 und 2 , die für Anthracen in den Tabellen 3 und 4 aufgelistet

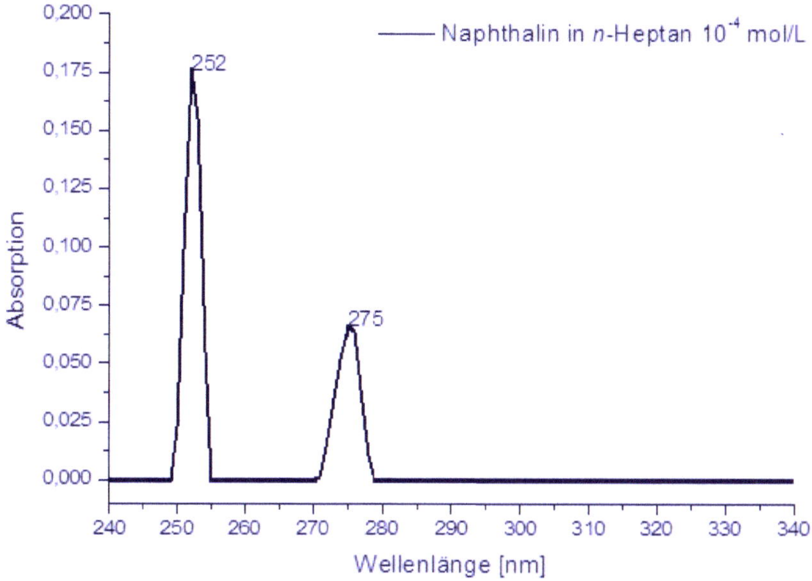

Abb. 4.1: Absorptionsspektrum des Naphthalins in einer 10-4 molaren Naphthalin/*n*-Heptan-Lösung.

Tab. 4.1: Tabelle. 1: Die Zuordnung der Banden des Naphthalin/*n*-Heptanspektrums der Konz. 10-4 mol/L .

Wellenlänge [nm]	Literaturwerte[x]	Übergang nach Platt
252	257	^1La
	266	^1La
272	276	^1La
	286	^1La
	311	^1La

Die Banden im Spektrum der Naphthalin/*n*-Heptan-Lsg (Abb. 2) stimmen mit den Literaturwerten (Tabelle 2) gut unerein.

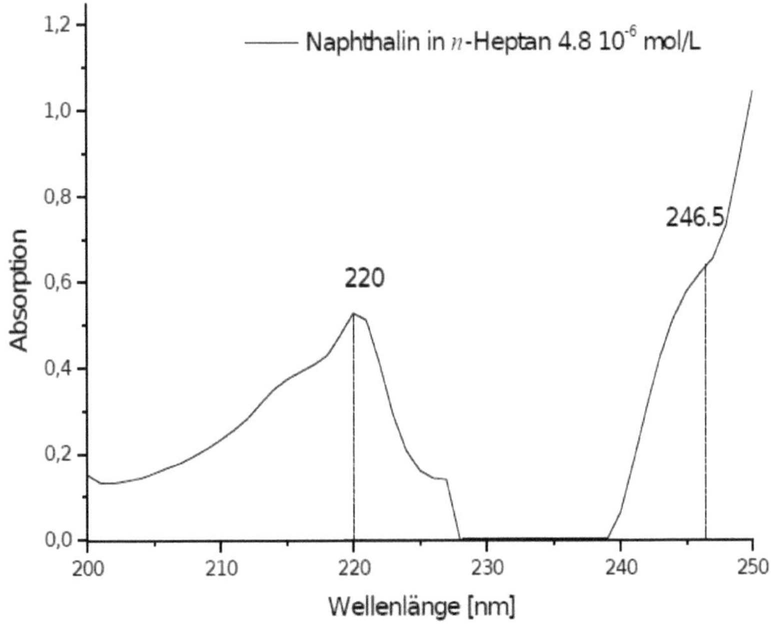

Abb. 2: Das Absorptionsspektrum der Naphthalin/*n*-Heptan-Lsg der Konz. $4{,}6\cdot10_{-6}$ mol/L.

Wellenlänge [nm]	Literaturwerte[x]	Übergang nach Platt
220	220	^1B_b
246,5	248	^1La

Die Banden im Spektrum der Naphthalin/*n*-Heptan-Lösung (Abb. 2) stimmen mit den Literaturwerten (Tabelle 2) gut überein.

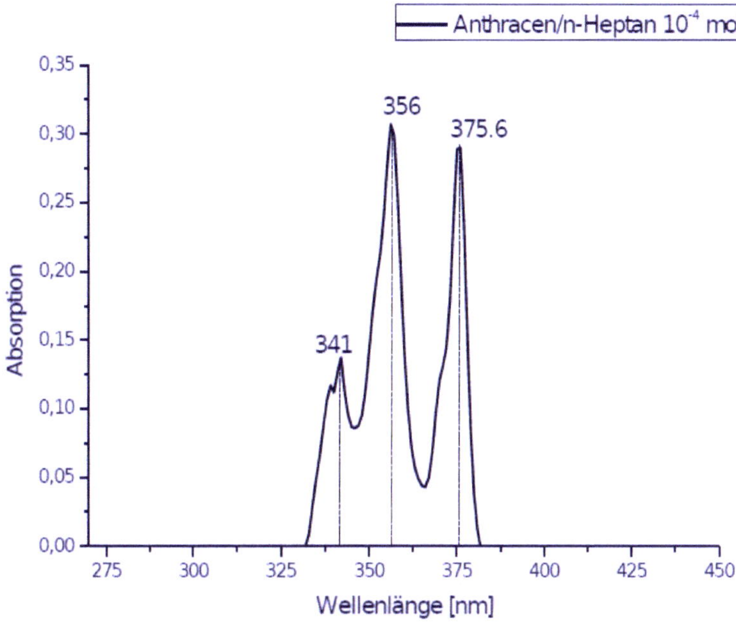

Abb. 3: Das Absorptionsspektrum des Anthracen/*n*-Heptan-Lsg der Konz. 10^{-4} mol/L.

Tabelle 3: Die Zuordnung der Banden des Anthracen/*n*-Heptan-Spektrums der Konz. 10^{-4} mol/L.

Wellenlänge [nm]	Literaturwerte[x]	Übergang nach Platt
	310	^{1}La
	324	^{1}La
341	339	^{1}La
356	356	^{1}La
375,6	375	^{1}La

Im Anthracen/*n*-Heptan-Spektrum (Abb. 3) sind nur drei Banden zu sehen. Die Literatur (Tabelle 3) gibt hierfür fünf werte an, die dem Übergang $_1$La nach Platt gehören. Die drei gemessenen Banden bei 341 nm, 356 nm und 375,6 nm stimmen ansonsten gut mit den Literaturwerten überein.

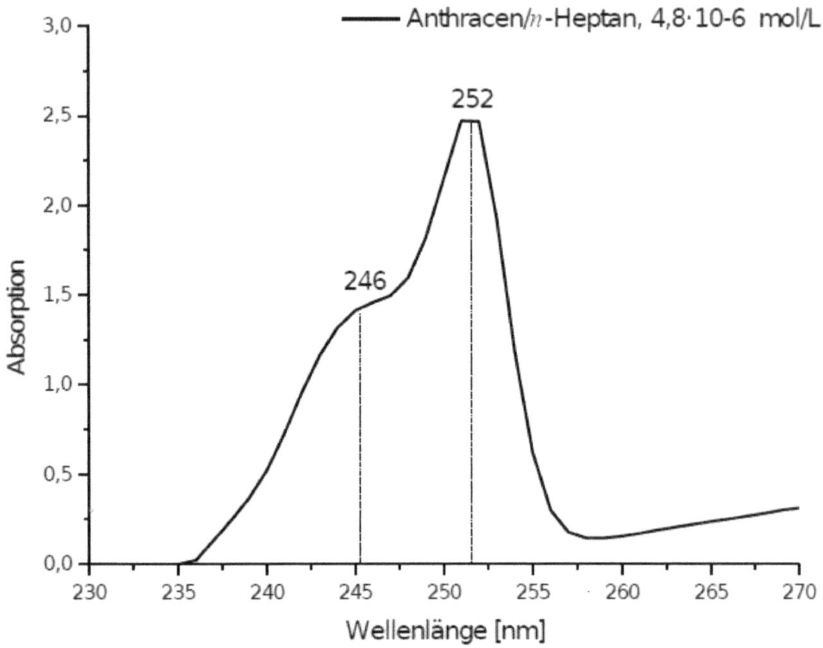

Abb. 4: Das Absorptionsspektrum des Anthracen/*n*-Heptan-Lsg der Konz. 4,8·10-6 mol/L.

Tabelle 4: Die Zuordnung der Banden des Anthracen/*n*-Heptanspektrums der Konz. 4,8·10-6 mol/L.

Wellenlänge [nm]	Literaturwerte[x]	Übergang nach Platt
246	243	^1B_b
252	251	^1B_b

Die gemessenen Banden des des verdünnten Anthracen/*n*-Heptanspektrums stimmen in guter Näherung mit den Literaturwerten überein.

4.2 Polarisationsabhängige Absorption von Anthracen in n-Heptan

Die Absorptionsspektren der Anthracen/*n*-Heptan-Losung der Konz. 10^{-4} mol/L wurde von den Basislinien (Spektrum von *n*-Heptan und Absorption des Polarisators in horizontaler und vertikaler Stellung) subtrahiert. Die Abb. 5 zeigt das aufgenommene Spektrum des Anthracens in *n*-Heptan bei horizontaler und vertikaler Stellung des Polarisators. Die Zuordnung der Banden ist in Tabelle 5 aufgelistet.

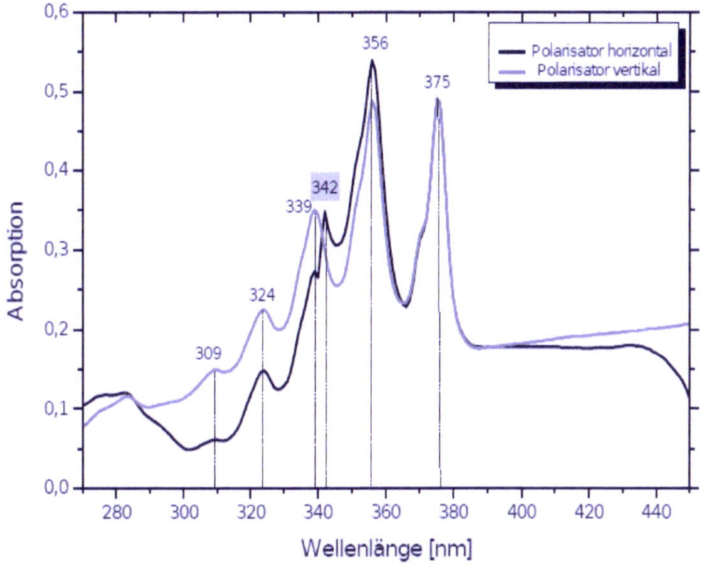

Abb. 5: Absorptionsspektrum der Anthracen/*n*-Heptan-Losung der Konz. 10^{-4} mol/L, aufgenommen bei horizontaler (schwarze Kurve) und vertikaler (rote Kurve) Stellung des Polarisators.

Tab. 5: Banden/Übergangszuordnung des Anthracenspektrums Abb. 5 der Konz. 10^{-4} mol/L bei horizontaler (schwarze Kurve) und vertikaler (rote Kurve) Stellung des Polarisators.

Wellenlänge [nm]	Übergang nach Platt
309	^1La
324	^1La
339/342	^1La
356	^1La
375	^1La

Die Polarisatorstellung beeinflusst die Intensität. Jedoch zeigen in Abb. 5 nur vier der von fünf Banden eine Intensitätsabnahme, daher wird vermutet, dass dies an Messungenauigkeiten in den Basislinien und/oder in den Anthracenspektren. Weitere Gründe für diesen Unterschied in der Extinktion, könnten Fettflecken an der Küvette durch, Verunreinigungen in der Losung oder an dem Polarisators sein. In einer Lösung schweben die Moleküle ungeordnet bzw. nicht in einer Vorzugsrichtung, weswegen die Polarisation des Licht keinen Einfluss auf Extinktion der Banden haben sollte.

4.3 Polarisationsabhängige Absorption von Anthracen auf Polyethylenfolie

Die Absorptionsspektren der Anthracen-Losung auf Polyethylenfolie wurden von der Basislinien (gestreckte Folie bei horizontaler und vertikaler Stellung des Polarisators) subtrahiert. Abb. 6 zeigt das Absorptionspektrum des Anthracens auf Folie, die 15 min. in gesättigter Anthracen/Chloroform-Losung eingelegt war, Abb. 7 das Absorptionsspektrum aus verdünnter Losung. Die Zuordnung der Banden ist in den Tabellen 6 und 7 aufgelistet.

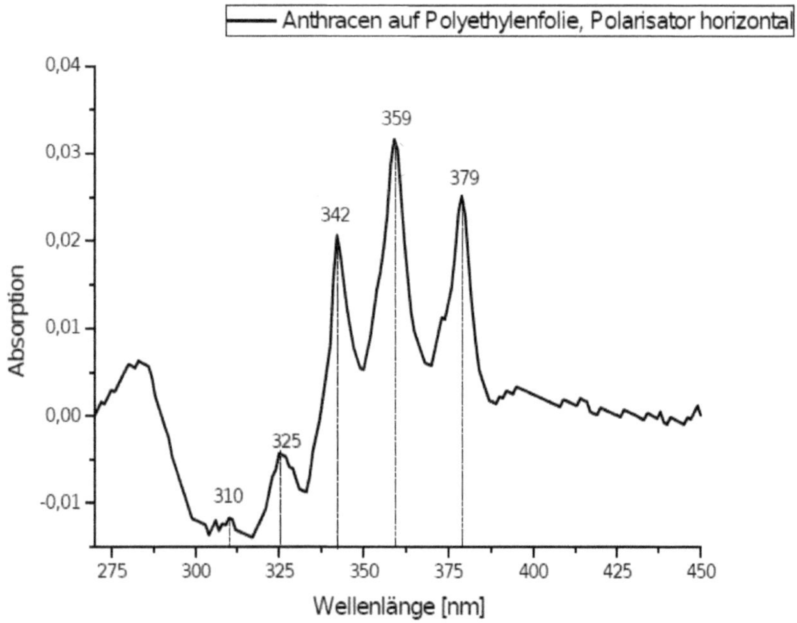

Abb. 6: Spektrum des Anthracens auf Polyethylenfolie, die 15 min. in einer gesätt. Anthracen/Chloroform-Lösung eingelegt war, Aufgenommen bei horizontaler Stellung des Polarisators.

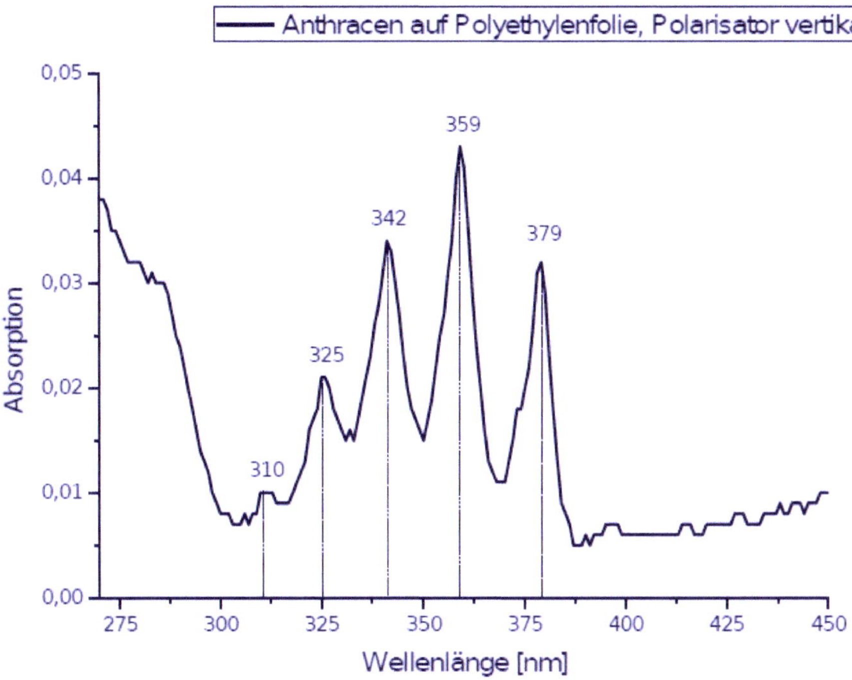

Abb. 7: Spektrum des Anthracens auf Polyethylenfolie, die 15 min. in einer gesatt. Anthracen-/Chloroform-Losung eingelegt war, Aufgenommen bei vertikaler Stellung des Polarisators.

Tabelle. 6: Banden/Ubergangszuordnung der Anthracenspektren Abb. 6 und 7 bei horizontaler und vertikaler Stellung des Polarisators.

Wellenlänge [nm]	Übergang nach Platt
310	^1La
325	^1La
342	^1La
359	^1La
379	^1La

Das Absorptionsspektrum des Anthracens auf Polyethylenfolie zeigt bei vertikaler Stellung des Polarisators allgemein eine höhere Intestät als bei horizontaler Stellung. Die Extinktion ist in den Banden des vertikal polarisierte Licht um einen im Mittel 0,017 hoher bei horizontal polarisiertem Licht. Dies entspricht etwa 45%. Dies war auch zu erwarten denn die anthracen Moleküle, die als dünne Schicht auf der PE-Folie hängengeblieben waren, ausgerichtet waren und eine Vorzugsrichtung aufwiesen, daher die unterschiedliche

Extinktion bei horizontal und vertikal polarisiertem Licht. Dieser Unterschied in der Extinktion könnte aber auch an Messungenauigkeiten z. B. Nicht homogene Absorption von Küvette und/oder Polarisator liegen. Die Bandenlagen haben sich hingegen bei beiden Spektren (Abb. 6 und 7) nicht verändert und ist weder eine Rot- noch eine Blauverschiebung zu erkennen. Der Vergleich mit dem Spektrum für Anthracen in Lösung zeigt, dass das Absorptionsmaximum ist unter Verwendung der PE-Folie ca. um den Faktor 10 gesunken, was darauf hindeutet, dass die Konz. des Anthracens auf der Folie viel geringer ist als die in Losung. Die Spektren des Anthracens auf PE-Folie (Abb. 6 und 7) haben eine Intensität, die ca um den Faktor 10 ebenfalls geringer ist als im Spektrum aus der verdünnten Lösung (Abb. 8). Dies lasst stark vermuten, dass es bei der Messung Fehler aufgetreten sind z. B. zu starkes abwaschen der Folie mit Ethanol nach dem Einlegen in Anthracen/Chloroform-Lsg, sodass die zu messende Stoffmenge an Anthracen zu gering war als erwünscht.

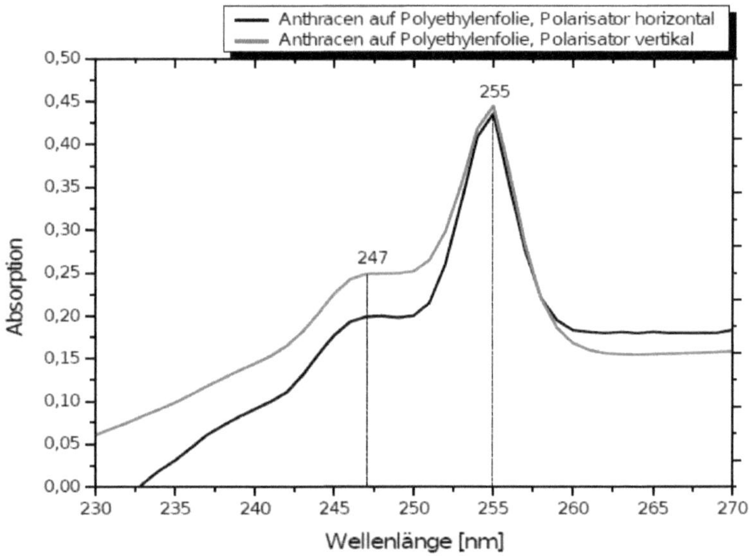

Abb. 8: Das Spektrum des Anthracens auf Polyethylenfolie, die 15 min. in einer 1:20 verdünnten gesättigten Anthracen/Chloroform-Lösung eingelegt war, aufgenommen mit horizontaler Stellung des Polarisators (schwarze Kurve) und vertikaler (rote Kurve).

Tabelle 7: Banden/Übergangszuordnung der Anthracenspektren Abb. 8 bei horizontaler und vertikaler Stellung des Polarisators.

Wellenlänge [nm]	Übergang nach Platt
247	^1B_b
255	^1B_b

Im Spektrum der Anthracen/Chloroform-Lösung ist eine Erhöhung der Absorption von 0,04 bei 247 nm unter Verwendung von vertikal polarisiertem Licht, zu erkennen. Der Unterschied in der Extinktion kann ähnlich zum Absorptionsspektrum der konz. Losung (Abb. 6) auf die unterschiedliche Ausrichtung der Anthracen-Moleküle auf der PE-Folie zurückgeführt werden. Die Abnahme der Extinktion ist nur für die Absorptionsbande bei 247 nm zu beobachten, obwohl die beiden Banden zum selben Übergang gehören, dies damit begrundet werden, dass nur ein kleiner Teil der Moleküle ausgerichtet ist oder der Grund konnte auch an Messungenauigkeiten liegen. Die geringer Konz. der Anthracen-Moleküle auf der PE-Folie führte dazu, dass die Gesamtabsorption um 80% geringer ist, als in Lösung.

5 Theoretische Aufgaben und Diskussion

5.1 Bestimmung der Punktgruppe des Anthracens (Aufgabe 4)

Mit Hilfe der vorliegenden Symmetrieelemente könnte für Anthracen die Punktgruppe D_{2h} bestimmt werden. Zusätzlich zur Identität E enthält das Anthracen-Molekül ein Inversionszentrum i. Es liegen für die drei Raumrichtungen x, y und z jeweils eine C_2-Achse vor. Die vertikal aufeinander stehenden C_2-Achen werden als $C_2(z)$, $C_2(y)$ und $C_2(x)$ bezeichnet. An jeder C_2-Achse liegt eine Spiegelebene vertikal dazu, die wie folgt bezeichnet werden: $\sigma(xy)$, $\sigma(xz)$ und $\sigma(yz)$:

D_{2h}	E	$C_2(z)$	$C_2(y)$	$C_2(x)$	i	σ(xy)	σ(xz)	σ(yz)
A_g	1	1	1	1	1	1	1	1
B_{1g}	1	1	-1	-1	1	1	-1	-1
B_{2g}	1	-1	1	-1	1	-1	-1	1
B_{3g}	1	-1	-1	-1	1	-1	-1	1
A_u	1	1	1	1	-1	-1	-1	-1
B_{1u}	1	1	-1	-1	-1	-1	1	1
B_{2u}	1	-1	1	-1	-1	1	-1	1
B_{3u}	1	-1	-1	1	-1	1	1	-1

5.2 Reduzible und irreduzible Darstellungen

Für die Symmetrieelemente des Anthracen-Moleküls werden Darstellungsmatrizen (siehe Anhang) erstellt, aus denen die Charaktere der reduziblen Darstellung als Summe der Diagonalelemente (Von Oben links nach Unten rechts) der Darstellungsmatrix bestimmt werden.

Tab. 5.2: Charaktere einer reduziblen Darstellung, ermittelt aus den Darstellungsmatrizen.

D_{2h}	E	$C_2(z)$	$C_2(y)$	$C_2(x)$	i	σ(xy)	σ(xz)	σ(yz
χ	14	0	0	-2	0	-14	2	0

Aus der Tabelle 9 können die irreduziblen Darstellungen nach folgender Gleichung bestimmt werden:

$$a(l) = \frac{1}{h} \sum_{c} g(c) \cdot \chi^{(l)*}(c) \cdot \chi(c) \quad (1)$$

Mit

a(*l*) = irreduzible Darstellung,

h = Ordnung der Gruppe (die Anzahl unterschiedlicher Symmetrieelemente),

g(*c*) = die Anzahl der Elemente des c-ten Symmetrieelements

χ(*c*) = Charakter des c-ten Symmetrieelements.

Die Multiplikation des Charakters der reduziblen Darstellung (Tabelle 9) mit dem entsprechenden Charakter der irreduziblen Darstellung (Tabelle 8) ergibt:

$a(B_{2g}) = 1/8\ (14 \cdot 1 + 0 \cdot (-1) + 0 \cdot 1 + (-2) \cdot (-1) + 0 \cdot 1 + (-14) \cdot (-1) + 2 \cdot 1 + 0 \cdot (-1)) = 4$

$a(B_{g3}) = 1/8\ (14 \cdot 1 + 0 \cdot (-1) + 0 \cdot (-1) + (-2) \cdot 1 + 0 \cdot 1 + (-14) \cdot (-1) + 2 \cdot (-1) + 0 \cdot 1) = 3$

$a(B_{1u}) = 18\ (14 \cdot 1 +0 \cdot 1 + 0 \cdot (-1) + (-2) \cdot (-1) + 0 \cdot (-1) + (-14) \cdot (-1) + 2 \cdot 1 + 0 \cdot 1) = 3$

$a(A_{u}) = 18\ (14 \cdot 1 + 0 \cdot 1 + 0 \cdot 1+(-2) \cdot 1 + 0 \cdot (-1) + (-14) \cdot (-1) + 2 \cdot (-1)+0 \cdot (-1)) = 4$

Die übrigen reduziblen Darstellungen der Punktgruppe haben den Wert null. Somit besteht die reduzible Darstellung aus den reduziblen Darstellungen B_{2g}, B_{3g}, B_{1u} und A_u. Die Summe jeder irreduziblen Darstellung ist gleich der Anzahl an Symmetrieadaptierten Orbitalen und Molekülorbitalen je irreduzibler Darstellung.

5.3 Aufstellen der Projektionsoperatoren und Symmetrieadaptierten Orbitale (SAO)

Im folgenden werden fur die irreduziblen Darstellungen Projektionsoperatoren erstellt. Diese werden aus der Summe Symmetrieelemente mit den Charakteren der Charaktertafel je irreduzibler Darstellung als Koeffizienten erhalten.

Π[illegible] $= 18($[illegible] $+$ [illegible] $+$ [illegible] $-$ [illegible] $+$ [illegible] $+$ [illegible] $-$ [illegible]$)$, (6)

Π[illegible] $= 18($[illegible] $-$ [illegible] $+$ [illegible] $+$ [illegible] $-$ [illegible] $-$ [illegible]$)$, (7)

Π[illegible] $= 18($[illegible] $-$ [illegible] $-$ [illegible] $-$ [illegible] $-$ [illegible] $+$ [illegible]$)$ und (8)

Π[illegible] $= 18($[illegible] $+$ [illegible] $+$ [illegible] $-$ [illegible] $-$ [illegible] $-$ [illegible]$)$ (9)

Um die symmetrieadaptierte Orbitale zu erhalten, werden die Symmetrieoperatoren nur auf die symmetrieadaptierten Atome 1, 12, 13 und 14 angewendet, da diese zu einer Gruppe zusammengefasst werden können, die aufeinander abgebildet werden.

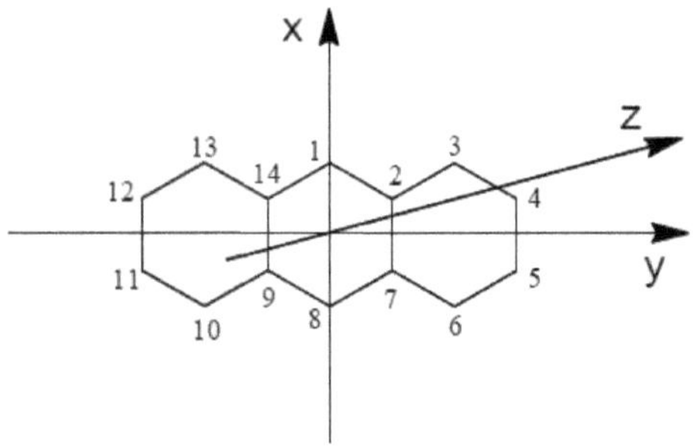

Abb. 5.1: Darstellung des Anthracenmoleküls in einem Koordinatensystem.

Mit dem Atom 13 wird die Erstellung des SAOs mit dem Projektionsoperator ΠB_{2g} als Beispiel gezeigt. Bei negativem Vorzeichen des Projektionsoperator dreht das Vorzeichen des Orbitals um.

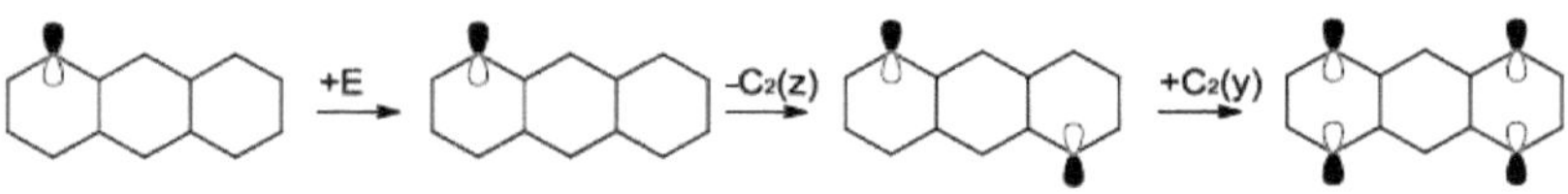

Abb. 10: Anwendung der Symmetrieoperationen auf eine Basisfunktion.

Die restlichen Symmetrieoperationen des Projektionsoperators können weggelassen werden, weil die Orbitale dadurch nur noch auf sich selbst abgebildet werden.

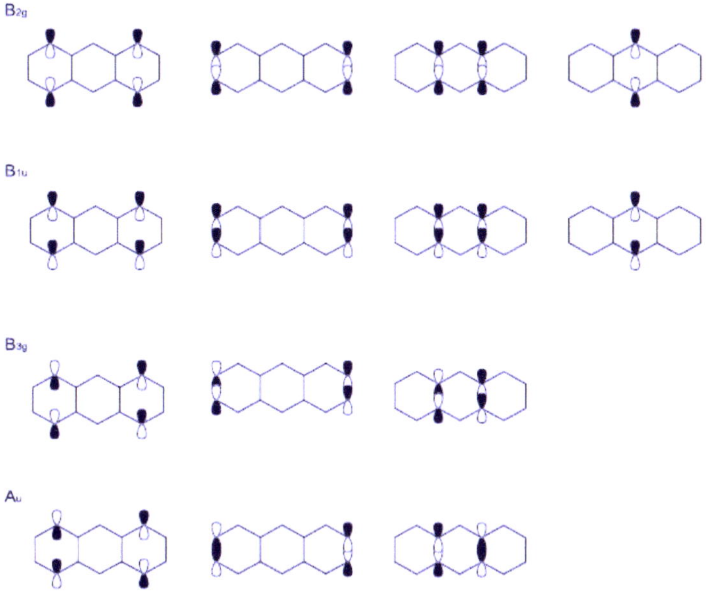

Abb. 11: Die nach der irreduziblen Darstellung geordneten Symmetrieadaptierten Orbitale.

Aus den Linearkombinationen der SAOs werden die Molekülorbitale der entsprechenden reduziblen Darstellung erhalten. Die Anzahl der sich ergebenen Molekülorbitale ist gleich der Anzahl derer, die in Kapitel 5.2 berechnet wurden. Im folgenden MO-Schema sind die Molekülorbitale aufsteigend geordnet nach der Anzahl der Knotenebenen dargestellt.

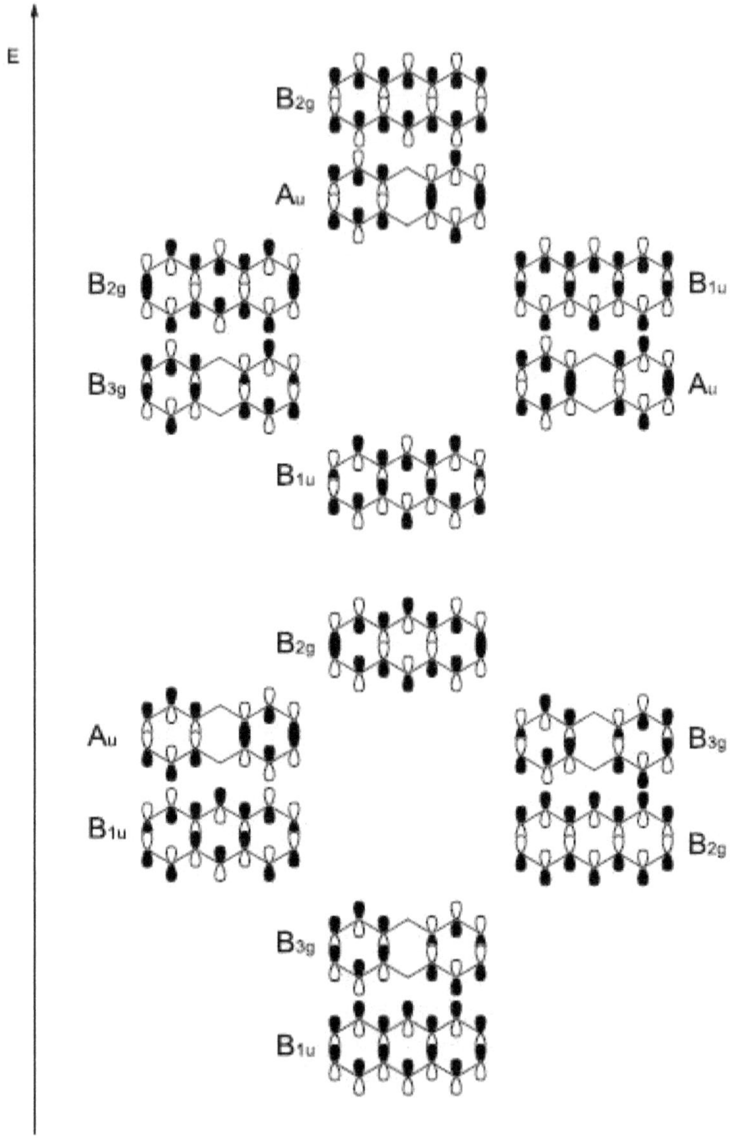

Abb. 5.4: Molekülorbitale des Anthracens energetisch nach Anzahl der Knoten und irreduziblen Darstellungen geordnet.

5.4 Elektronische Übergänge

Neben dem HOMO→LUMO-Ubergang sind im Anthracen vier weitere elektronische Übergange denkbar. Diese sind in Abbildung 13 dargestellt.

MO-Schema

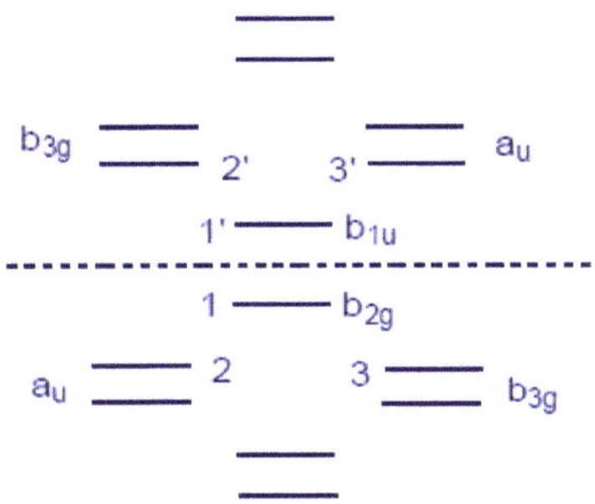

optische Übergänge

$$0_{\chi 1}(\phi_{1\to 2'}) \equiv \text{HOMO} \rightarrow \text{LUMO}$$
$$1_{\chi 1}(\phi_{1\to 2'})$$
$$2_{\chi 2}(\phi_{1\to 3'})$$
$$3_{\chi 3}(\phi_{2\to 1'})$$
$$4_{\chi 4}(\phi_{3\to 1'})$$

Abb. 13: Elektronische Ubergange im Anthracen-Molekul.

Ob ein Übergang symmetrieerlaubt ist oder nicht, kann aus dem direkten Produkt des Orbitals, aus dem angeregt wird, dem Orbital, in das angeregt wird und dem Übergangsdipolmomentoperator, bestimmt werden. Aus der Charaktertafel der Punktgruppe kann die Symmetrie des Übergangsdipolmomentoperators in der entsprechenden Raumrichtung, sowie die Symmetrie der Orbitale abgelesen werden. Der Übergang ist Symmetrieverboten, wenn das Ergebnis nicht die vollständigsymmetrische Darstellung (hier A_g) enthält. Der Übergang ist in einer Raumrichtung polarisiert, wenn die Darstellung A_g in dieser Raumrichtung im direkten Produkt enthalten ist. Die Elemente des Übergangsdipolmomentoperators fur alle drei Richtungen des Koordinatensystems ergeben sich zu $\mu_x = B_{3u}$, $\mu_y = B_{2u}$ und $\mu_z = B_{1u}$, sie liegen dabei in der Raumrichtungen x-, y- und z der entsprechenden C_2-Achsen. Als Beispiel ist das direkte Produkt fur B_{2g}, B_{1u} und μ_z in Tabelle 10 aufgelistet, das Ergebnis entspricht B_{2g} in z-Richtung. Die Ergebnisse in den Raumrichtungen fur die Übergange sind in Tabelle 11 dargestellt.

Tab. 5.3: Beispielrechnung der irreduziblen Darstellungen.

$B_{2g} \rightarrow B_{1u}$	E	$C_2(z)$	$C_2(y)$	$C_2(x)$	i	σ(xy)	σ(xz)	σ(yz)
B_{2g}	1	-1	1	-1	1	-1	1	-1
B_{1u}	1	1	-1	-1	-1	-1	1	1
μ_z	1	1	-1	-1	-1	-1	1	1
$B_{2g} \otimes B_{1u} \otimes \mu_z$	1	-1	1	-1	1	-1	1	-1

Tab. 5.4: Elektronische Übergänge im Anthracen

D_{2h}	x-Richtung	y-Richtung	z-Richtung	Polarisation
$B_{2g} \rightarrow B_{1u}$	A_g	B_{1g}	B_{2g}	x
$B_{2g} \rightarrow A_u$	B_{1g}	A_g	B_{3g}	y
$B_{3g} \rightarrow B_{1u}$	B_{1g}	A_g	B_{3g}	y
$B_{2g} \rightarrow B_{3g}$	B_{2u}	B_{3u}	A_u	verboten
$A_u \rightarrow B_{1u}$	B_{2u}	B_{3u}	A_u	verboten

Anhand der Ergebnisse in Tabelle 11, sind nur drei von funf möglichen Übergange symmetrieerlaubt. Die restlichen Banden im Spektrum des Anthracen-Molekuls können deswegen nicht nur elektronischen Übergangen in andere Orbitale, sondern Anregungen in andere Schwingungsniveaus zugeordnet werden.

6. Literatur

[1] *UV/VIS-Spektroskopie* T.Lehmann - Freie Universitat Berlin, **2009.**

[2] http://omlc.ogi.edu/spectra/PhotochemCAD/html/001.html **2014**.

[3] D. M. Bishop: *Group Theory and Chemistry*, 1. Auflage, Clarendon Press, Oxford, **1993**.

7. Anhang

Darstellungsmatrizen

$$E = \begin{pmatrix}
1 & 0 & 0 & 0 & 0 & 0 & 0 & 0 & 0 & 0 & 0 & 0 & 0 & 0 \\
0 & 1 & 0 & 0 & 0 & 0 & 0 & 0 & 0 & 0 & 0 & 0 & 0 & 0 \\
0 & 0 & 1 & 0 & 0 & 0 & 0 & 0 & 0 & 0 & 0 & 0 & 0 & 0 \\
0 & 0 & 0 & 1 & 0 & 0 & 0 & 0 & 0 & 0 & 0 & 0 & 0 & 0 \\
0 & 0 & 0 & 0 & 1 & 0 & 0 & 0 & 0 & 0 & 0 & 0 & 0 & 0 \\
0 & 0 & 0 & 0 & 0 & 1 & 0 & 0 & 0 & 0 & 0 & 0 & 0 & 0 \\
0 & 0 & 0 & 0 & 0 & 0 & 1 & 0 & 0 & 0 & 0 & 0 & 0 & 0 \\
0 & 0 & 0 & 0 & 0 & 0 & 0 & 1 & 0 & 0 & 0 & 0 & 0 & 0 \\
0 & 0 & 0 & 0 & 0 & 0 & 0 & 0 & 1 & 0 & 0 & 0 & 0 & 0 \\
0 & 0 & 0 & 0 & 0 & 0 & 0 & 0 & 0 & 1 & 0 & 0 & 0 & 0 \\
0 & 0 & 0 & 0 & 0 & 0 & 0 & 0 & 0 & 0 & 1 & 0 & 0 & 0 \\
0 & 0 & 0 & 0 & 0 & 0 & 0 & 0 & 0 & 0 & 0 & 1 & 0 & 0 \\
0 & 0 & 0 & 0 & 0 & 0 & 0 & 0 & 0 & 0 & 0 & 0 & 1 & 0 \\
0 & 0 & 0 & 0 & 0 & 0 & 0 & 0 & 0 & 0 & 0 & 0 & 0 & 1
\end{pmatrix}$$

$$\Rightarrow \chi(E) = 14$$

$$C_2(z) = \begin{pmatrix}
0 & 0 & 0 & 0 & 0 & 0 & 0 & 1 & 0 & 0 & 0 & 0 & 0 & 0 \\
0 & 0 & 0 & 0 & 0 & 0 & 0 & 0 & 1 & 0 & 0 & 0 & 0 & 0 \\
0 & 0 & 0 & 0 & 0 & 0 & 0 & 0 & 0 & 1 & 0 & 0 & 0 & 0 \\
0 & 0 & 0 & 0 & 0 & 0 & 0 & 0 & 0 & 0 & 1 & 0 & 0 & 0 \\
0 & 0 & 0 & 0 & 0 & 0 & 0 & 0 & 0 & 0 & 0 & 1 & 0 & 0 \\
0 & 0 & 0 & 0 & 0 & 0 & 0 & 0 & 0 & 0 & 0 & 0 & 1 & 0 \\
0 & 0 & 0 & 0 & 0 & 0 & 0 & 0 & 0 & 0 & 0 & 0 & 0 & 1 \\
1 & 0 & 0 & 0 & 0 & 0 & 0 & 0 & 0 & 0 & 0 & 0 & 0 & 0 \\
0 & 1 & 0 & 0 & 0 & 0 & 0 & 0 & 0 & 0 & 0 & 0 & 0 & 0 \\
0 & 0 & 1 & 0 & 0 & 0 & 0 & 0 & 0 & 0 & 0 & 0 & 0 & 0 \\
0 & 0 & 0 & 1 & 0 & 0 & 0 & 0 & 0 & 0 & 0 & 0 & 0 & 0 \\
0 & 0 & 0 & 0 & 1 & 0 & 0 & 0 & 0 & 0 & 0 & 0 & 0 & 0 \\
0 & 0 & 0 & 0 & 0 & 1 & 0 & 0 & 0 & 0 & 0 & 0 & 0 & 0 \\
0 & 0 & 0 & 0 & 0 & 0 & 1 & 0 & 0 & 0 & 0 & 0 & 0 & 0
\end{pmatrix}$$

$$\Rightarrow \chi(C_2(\mathrm{z})) = 0$$

$$C_2(\mathrm{x}) = \begin{pmatrix}
-1 & 0 & 0 & 0 & 0 & 0 & 0 & 0 & 0 & 0 & 0 & 0 & 0 & 0 \\
0 & 0 & 0 & 0 & 0 & 0 & 0 & 0 & 0 & 0 & 0 & 0 & 0 & -1 \\
0 & 0 & 0 & 0 & 0 & 0 & 0 & 0 & 0 & 0 & 0 & 0 & -1 & 0 \\
0 & 0 & 0 & 0 & 0 & 0 & 0 & 0 & 0 & 0 & 0 & -1 & 0 & 0 \\
0 & 0 & 0 & 0 & 0 & 0 & 0 & 0 & 0 & 0 & -1 & 0 & 0 & 0 \\
0 & 0 & 0 & 0 & 0 & 0 & 0 & 0 & 0 & -1 & 0 & 0 & 0 & 0 \\
0 & 0 & 0 & 0 & 0 & 0 & 0 & 0 & -1 & 0 & 0 & 0 & 0 & 0 \\
0 & 0 & 0 & 0 & 0 & 0 & 0 & -1 & 0 & 0 & 0 & 0 & 0 & 0 \\
0 & 0 & 0 & 0 & 0 & 0 & -1 & 0 & 0 & 0 & 0 & 0 & 0 & 0 \\
0 & 0 & 0 & 0 & 0 & -1 & 0 & 0 & 0 & 0 & 0 & 0 & 0 & 0 \\
0 & 0 & 0 & 0 & -1 & 0 & 0 & 0 & 0 & 0 & 0 & 0 & 0 & 0 \\
0 & 0 & 0 & -1 & 0 & 0 & 0 & 0 & 0 & 0 & 0 & 0 & 0 & 0 \\
0 & 0 & -1 & 0 & 0 & 0 & 0 & 0 & 0 & 0 & 0 & 0 & 0 & 0 \\
0 & -1 & 0 & 0 & 0 & 0 & 0 & 0 & 0 & 0 & 0 & 0 & 0 & 0
\end{pmatrix}$$

$$\Rightarrow \chi(C_2(\mathrm{x})) = -2$$

$$C_2(\mathrm{y}) = \begin{pmatrix}
0 & 0 & 0 & 0 & 0 & 0 & 0 & -1 & 0 & 0 & 0 & 0 & 0 & 0 \\
0 & 0 & 0 & 0 & 0 & 0 & -1 & 0 & 0 & 0 & 0 & 0 & 0 & 0 \\
0 & 0 & 0 & 0 & 0 & -1 & 0 & 0 & 0 & 0 & 0 & 0 & 0 & 0 \\
0 & 0 & 0 & 0 & -1 & 0 & 0 & 0 & 0 & 0 & 0 & 0 & 0 & 0 \\
0 & 0 & 0 & -1 & 0 & 0 & 0 & 0 & 0 & 0 & 0 & 0 & 0 & 0 \\
0 & 0 & -1 & 0 & 0 & 0 & 0 & 0 & 0 & 0 & 0 & 0 & 0 & 0 \\
0 & -1 & 0 & 0 & 0 & 0 & 0 & 0 & 0 & 0 & 0 & 0 & 0 & 0 \\
-1 & 0 & 0 & 0 & 0 & 0 & 0 & 0 & 0 & 0 & 0 & 0 & 0 & 0 \\
0 & 0 & 0 & 0 & 0 & 0 & 0 & 0 & 0 & 0 & 0 & 0 & 0 & -1 \\
0 & 0 & 0 & 0 & 0 & 0 & 0 & 0 & 0 & 0 & 0 & 0 & -1 & 0 \\
0 & 0 & 0 & 0 & 0 & 0 & 0 & 0 & 0 & 0 & 0 & -1 & 0 & 0 \\
0 & 0 & 0 & 0 & 0 & 0 & 0 & 0 & 0 & 0 & -1 & 0 & 0 & 0 \\
0 & 0 & 0 & 0 & 0 & 0 & 0 & 0 & 0 & -1 & 0 & 0 & 0 & 0 \\
0 & 0 & 0 & 0 & 0 & 0 & 0 & 0 & -1 & 0 & 0 & 0 & 0 & 0
\end{pmatrix}$$

$$\Rightarrow \chi(C_2(\mathrm{y})) = 0$$

$$i=\begin{pmatrix}
0&0&0&0&0&0&0&-1&0&0&0&0&0&0\\
0&0&0&0&0&0&0&0&-1&0&0&0&0&0\\
0&0&0&0&0&0&0&0&0&-1&0&0&0&0\\
0&0&0&0&0&0&0&0&0&0&-1&0&0&0\\
0&0&0&0&0&0&0&0&0&0&0&-1&0&0\\
0&0&0&0&0&0&0&0&0&0&0&0&-1&0\\
0&0&0&0&0&0&0&0&0&0&0&0&0&-1\\
-1&0&0&0&0&0&0&0&0&0&0&0&0&0\\
0&-1&0&0&0&0&0&0&0&0&0&0&0&0\\
0&0&-1&0&0&0&0&0&0&0&0&0&0&0\\
0&0&0&-1&0&0&0&0&0&0&0&0&0&0\\
0&0&0&0&-1&0&0&0&0&0&0&0&0&0\\
0&0&0&0&0&-1&0&0&0&0&0&0&0&0\\
0&0&0&0&0&0&-1&0&0&0&0&0&0&0
\end{pmatrix}$$

$$\Rightarrow \chi(i) = 0$$

$$\sigma(\mathrm{xy})=\begin{pmatrix}
-1&0&0&0&0&0&0&0&0&0&0&0&0&0\\
0&-1&0&0&0&0&0&0&0&0&0&0&0&0\\
0&0&-1&0&0&0&0&0&0&0&0&0&0&0\\
0&0&0&-1&0&0&0&0&0&0&0&0&0&0\\
0&0&0&0&-1&0&0&0&0&0&0&0&0&0\\
0&0&0&0&0&-1&0&0&0&0&0&0&0&0\\
0&0&0&0&0&0&-1&0&0&0&0&0&0&0\\
0&0&0&0&0&0&0&-1&0&0&0&0&0&0\\
0&0&0&0&0&0&0&0&-1&0&0&0&0&0\\
0&0&0&0&0&0&0&0&0&-1&0&0&0&0\\
0&0&0&0&0&0&0&0&0&0&-1&0&0&0\\
0&0&0&0&0&0&0&0&0&0&0&-1&0&0\\
0&0&0&0&0&0&0&0&0&0&0&0&-1&0\\
0&0&0&0&0&0&0&0&0&0&0&0&0&-1
\end{pmatrix}$$

$$\Rightarrow \chi(\sigma(\mathrm{xy})) = -14$$

$$
\sigma(\mathrm{xz}) = \begin{pmatrix}
1 & 0 & 0 & 0 & 0 & 0 & 0 & 0 & 0 & 0 & 0 & 0 & 0 & 0 \\
0 & 0 & 0 & 0 & 0 & 0 & 0 & 0 & 0 & 0 & 0 & 0 & 0 & 1 \\
0 & 0 & 0 & 0 & 0 & 0 & 0 & 0 & 0 & 0 & 0 & 0 & 1 & 0 \\
0 & 0 & 0 & 0 & 0 & 0 & 0 & 0 & 0 & 0 & 0 & 1 & 0 & 0 \\
0 & 0 & 0 & 0 & 0 & 0 & 0 & 0 & 0 & 0 & 1 & 0 & 0 & 0 \\
0 & 0 & 0 & 0 & 0 & 0 & 0 & 0 & 0 & 1 & 0 & 0 & 0 & 0 \\
0 & 0 & 0 & 0 & 0 & 0 & 0 & 0 & 1 & 0 & 0 & 0 & 0 & 0 \\
0 & 0 & 0 & 0 & 0 & 0 & 0 & 1 & 0 & 0 & 0 & 0 & 0 & 0 \\
0 & 0 & 0 & 0 & 0 & 0 & 1 & 0 & 0 & 0 & 0 & 0 & 0 & 0 \\
0 & 0 & 0 & 0 & 0 & 1 & 0 & 0 & 0 & 0 & 0 & 0 & 0 & 0 \\
0 & 0 & 0 & 0 & 1 & 0 & 0 & 0 & 0 & 0 & 0 & 0 & 0 & 0 \\
0 & 0 & 0 & 1 & 0 & 0 & 0 & 0 & 0 & 0 & 0 & 0 & 0 & 0 \\
0 & 0 & 1 & 0 & 0 & 0 & 0 & 0 & 0 & 0 & 0 & 0 & 0 & 0 \\
0 & 1 & 0 & 0 & 0 & 0 & 0 & 0 & 0 & 0 & 0 & 0 & 0 & 0
\end{pmatrix}
$$

$$\Rightarrow \chi(\sigma(\mathrm{xz})) = 2$$

$$
\sigma(\mathrm{yz}) = \begin{pmatrix}
0 & 0 & 0 & 0 & 0 & 0 & 0 & 1 & 0 & 0 & 0 & 0 & 0 & 0 \\
0 & 0 & 0 & 0 & 0 & 0 & 1 & 0 & 0 & 0 & 0 & 0 & 0 & 0 \\
0 & 0 & 0 & 0 & 0 & 1 & 0 & 0 & 0 & 0 & 0 & 0 & 0 & 0 \\
0 & 0 & 0 & 0 & 1 & 0 & 0 & 0 & 0 & 0 & 0 & 0 & 0 & 0 \\
0 & 0 & 0 & 1 & 0 & 0 & 0 & 0 & 0 & 0 & 0 & 0 & 0 & 0 \\
0 & 0 & 1 & 0 & 0 & 0 & 0 & 0 & 0 & 0 & 0 & 0 & 0 & 0 \\
0 & 1 & 0 & 0 & 0 & 0 & 0 & 0 & 0 & 0 & 0 & 0 & 0 & 0 \\
1 & 0 & 0 & 0 & 0 & 0 & 0 & 0 & 0 & 0 & 0 & 0 & 0 & 0 \\
0 & 0 & 0 & 0 & 0 & 0 & 0 & 0 & 0 & 0 & 0 & 0 & 0 & 1 \\
0 & 0 & 0 & 0 & 0 & 0 & 0 & 0 & 0 & 0 & 0 & 0 & 1 & 0 \\
0 & 0 & 0 & 0 & 0 & 0 & 0 & 0 & 0 & 0 & 0 & 1 & 0 & 0 \\
0 & 0 & 0 & 0 & 0 & 0 & 0 & 0 & 0 & 0 & 1 & 0 & 0 & 0 \\
0 & 0 & 0 & 0 & 0 & 0 & 0 & 0 & 0 & 1 & 0 & 0 & 0 & 0 \\
0 & 0 & 0 & 0 & 0 & 0 & 0 & 0 & 1 & 0 & 0 & 0 & 0 & 0
\end{pmatrix}
$$

$$\Rightarrow \chi(\sigma(\mathrm{yz})) = 0$$

Hinweis zu den Abbildungen in dieser Arbeit:

Sämtliche Diagramme und Matrizen wurden durch die Auftragung der im chemisch-physikalischen Labor aufgenommenen Messwerte mit dem Software „OriginLab Data Analysis and Graphing Software“ erstellt

Sämtliche Abbildungen der chemischen Strukturformeln wurden ebenfalls auf Basis der aufgenommenen Messwerte mit dem Programm „Chemdraw“ erstellt